科学顾问 唐 勇

主 编 杨慧娜

# 元素萌萌说 1

Na O N B Cu Si Zn Ca P S

策 划 王昊阳 罗瑞敏 林芙蓉

编 绘 索石文化 俞 兰

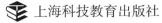 上海科技教育出版社

**图书在版编目（CIP）数据**

元素萌萌说 / 杨慧娜主编. ——上海:上海科技教育出版社，2023.8

ISBN 978-7-5428-7988-2

Ⅰ.①元… Ⅱ.①杨… Ⅲ.①化学元素–青少年读物 Ⅳ.①O611-49

中国国家版本馆CIP数据核字（2023）第117230号

# 前　　言

　　元素是具有相同核电荷数（即质子数）的同一类原子的总称，在我们的日常生活中扮演着重要的角色。例如，氧、碳、氢和氮被认为是生命的四大元素，构成了人体质量的96%。其中，氧是人体中含量最多的元素，约占体重的61%；碳是我们生命体的最基本结构元素，这也是我们被称为"碳基生命"的原因。事实上，世间万物都由一种或者几种元素构成。元素无所不在，是构成物质世界的基础，在现代化学、物理学、生物学和材料学等学科发展中的巨大意义是不言而喻的。

　　元素思想的起源很早，人类对"元素"的认识经历了漫长的过程。古埃及人和古巴比伦人曾经把水，后来又把空气和土，看成是世界的主要组成元素。在古希腊时期，人们认为所有物质都是由四种基本元素（火、水、土、气）组成的。中国古代也有类似的思想，即金、木、水、火、土的五行元素学说，认为万物都是由金、木、

水、火、土五种元素混合而成的。直到 17 世纪，英国科学家波义耳在《怀疑派化学家》（*The Sceptical Chymist*）中对四元素说提出了质疑，给出了世界上第一个相对科学的元素定义，认为元素是明确的、实在的、可觉察到的实物，是一般化学方法不能再分解的某些物质。1789 年，法国化学家拉瓦锡发表了《化学纲要》（*Traite Elementaire de Chimie*），认为一切无法再分解的物质即为元素，彻底推翻了四元素说。拉瓦锡还列出了第一张元素表，将已知的 33 种元素进行了分类，分别归为气体、金属、非金属以及土族元素四类。1803 年，英国化学家道尔顿进一步拓展了拉瓦锡的理论，认为元素其实是由无法再分开的微小颗粒组成，任何一种特定的元素只能由特定的颗粒——原子组成，这些原子按照一定比例加以组合就能形成不同的化合物。与此同时，道尔顿以氢气为基准开始计算各种元素原子的相对质量，并在 1810 年发表了第一张含有二十余种元素的原子量表，原子也被赋予了自己固有（质）量等本征特性。1869 年，俄罗斯化学家门捷列夫按照原子量升序排列当时已知的 63 种元素，发现原子量在元素分类中的重要意义——元素的性质随相对原子质量的递增发生周期性变化，在俄国化学会刊第一卷上发表了题为《元素属性与其原子量的关系》的论文，绘制了元素周期表，并据此预测了尚未被发现的元素及其化学性质、化合价和原子量等。门捷列夫的元素周期表的建立使得现代化学及其相关学科的研究不再局限于对大量零散事实的无规律罗列，奠定了现代科学诸多领域的研究基础。直到今天，一共发现了118种化学元素，逐步形成了我们都熟悉的现代元素周期表，极大地推动了化学的发展。

　　由中国科学院上海有机所化学研究所科普团队策划、创作的《元素萌萌说》科普绘本，采用拟人化的元素形象、通俗易懂的故事性讲述，巧妙地将化学元素融入天文、地理、历史、物理、生物与技术中。通过选取40种化学元素，讲述它们与人类生活、社会发展密切相关的故事，呈现其发现过程、命名趣事、基本性质及广泛应用。相信这套书会让青少年更具体了解化学在人类认识和改造自然、提高人类的生活质量和健康水平、推动社会进步等方面发挥的巨大的不可替代的作用。

　　期待《元素萌萌说》的出版能让更多青少年通过认识元素，了解化学、爱上化学、应用化学，一起用化学创造我们美好的未来！

中国科学院院士，有机化学家

2023 年 7 月

# 主创寄语

春草碧色，秋水潺潺；鹰击长空，鱼翔浅底……我们身处的世界五彩斑斓、千姿百态。这样的一个世界，究竟是由什么构成的呢？

在遥远的上古时代，人们就开始思考这个问题了。我们的祖先通过对大自然的观察，提出了金、木、水、火、土五大元素概念。随着现代科学的发展，科学家们运用实验技术与方法，陆续提取、分离和验证了118种化学元素。正是这些元素，组成了这个丰富多彩的世界，构成了我们每日瞬息万变的生活。今天，人们对化学元素的认识还远远没有完结，还有许多人正在孜孜不倦地研究与探索着。

在人类智慧宝库中，元素科学、元素周期律无疑是认识世界的一把钥匙，而元素发现史、生命元素之旅、生活中的元素科学、高科技中的元素故事，正是大家尤其是青少年认识化学元素的极好题材。《元素萌萌说》系列科普绘本正是这些内容的具体呈现。

本套科普绘本共四册，涵盖了40种元素的有趣知识。绘本以漫画为主要表达形式，通过无所不知的"元素精灵"点点、主人公江滨白等小朋友的视角，借助活泼有趣、贴近生活的故事讲述元素知识，让小读者在元素世界里畅游。绘本中还融入了科学发展史、中华古诗词等内容，丰富和拓展了故事情节，希望以此激发孩子们更大的阅读兴趣，激励大家进一步去思考探索。

为孩子们做科普是一件重要且意义非凡的事，也是科研人员责无旁贷的义务和使命。本套科普绘本由中国科学院上海有机化学研究所年轻的科研团队策划创作。他们将雄厚的科研优势与多年的科普经验有机结合，同时和索石文化的优秀画师密切合作，终于为小读者们呈上了一套科学性与趣味性完美融合的"元素之书"。

本套科普绘本的创作和出版得到了上海市 2022 年度"科技创新行动计划"科普专项（22DZ2301300）、中国科学院科普专项以及上海市闵行区科普项目的资助，黄晓宇、沈其龙、邱早早、郑超、陈品红、洪燕芬等专家学者对图书内容进行了仔细审核，提出了中肯的意见和建议，在此一并表示感谢！

希望《元素萌萌说》为化学科普工作打开一个全新的视角，成为化学科普天幕上的一颗新星！更希望《元素萌萌说》为我们的孩子认识世界打开另一扇窗，让"世界"这个词在大家心中更加具体与美好。

2023 年 7 月

# 人物介绍

## 点点

元素小精灵

生日：谁知道呢

来历：诞生于元素周期表的精灵

性格：活泼可爱、调皮捣蛋，
      喜欢宅在房间里

爱好：吃甜食

## 江滨白

生日：11 月 26 日

性格：乐观、诚实、热情、好奇心强

喜欢的颜色：黄色、蓝色

爱好：做实验、游泳、郊游

喜欢的食物：冰淇淋

## 贺静涵

江滨白的妈妈

生日：2 月 7 日

性格：温柔善良、包容、细心

喜欢的颜色：粉色、紫色

爱好：唱歌、烹饪

喜欢的食物：糖醋排骨

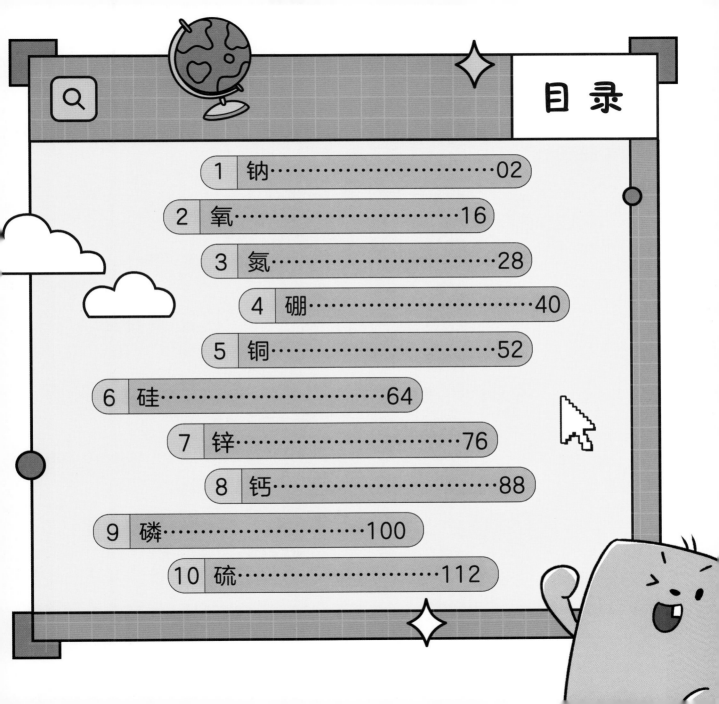

# 目 录

它是元素界的"熊孩子"，遇水就爆燃；

它让海水和眼泪产生咸味；

它激发了食物的美味，

过度摄入又导致血压升高。

它，让人又爱又恨……

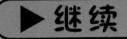

▶ 继续

江滨白是一个好奇心很强的孩子，他在日常生活中总爱提各式各样的问题，问家长、问同学、问老师……简直是一个行走的"为什么"。

一天，江滨白在书房里看书，在一本书里发现了一张奇怪的表格。

元素周期表！这是什么呀？

去问问妈妈吧！

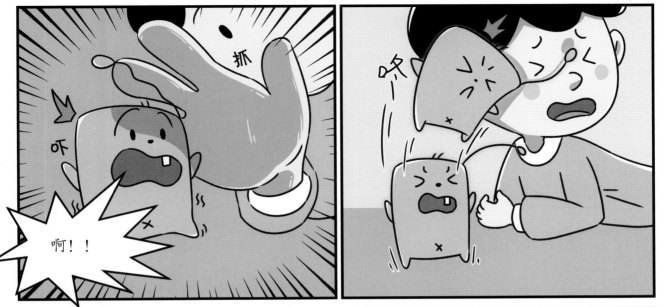

元素是具有相同核电荷数（即核内质子数）的同一类原子的总称。

世界上所有的物质都是由化学元素组成的。

化学元素

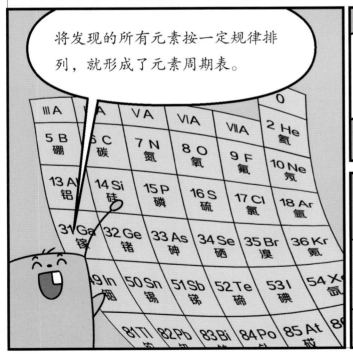

将发现的所有元素按一定规律排列，就形成了元素周期表。

| ⅢA | | VA | ⅥA | ⅦA | 0 |
|---|---|---|---|---|---|
| | | | | | 2 He 氦 |
| 5 B 硼 | 6 C 碳 | 7 N 氮 | 8 O 氧 | 9 F 氟 | 10 Ne 氖 |
| 13 Al 铝 | 14 Si 硅 | 15 P 磷 | 16 S 硫 | 17 Cl 氯 | 18 Ar 氩 |
| 31 Ga 镓 | 32 Ge 锗 | 33 As 砷 | 34 Se 硒 | 35 Br 溴 | 36 Kr 氪 |
| 49 In 铟 | 50 Sn 锡 | 51 Sb 锑 | 52 Te 碲 | 53 I 碘 | 54 Xe 氙 |
| 81 Tl 铊 | 82 Pb 铅 | 83 Bi 铋 | 84 Po 钋 | 85 At 砹 | 86 |

哇，听起来好厉害！

白白，吃饭啦！

好的。妈妈！

我要去吃饭了，你要不要一起去呀？

不啦，我还是去你房间等你吧！

哎呀，差点摔倒了……

咦？小精灵头上掉下了什么奇怪的东西？

我先去吃饭了，出门右转就是我的房间。

好的！

其实除了食盐，日常生活中还有很多含有钠的物质，比如苏打粉。

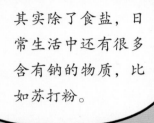

 苏打粉可以用来做我们喜欢吃的各种食物，如馒头、面包。

它还可以用来打扫卫生。

钠的英文名 Sodium 就是由苏打粉演变而来的。

对于人体来说，钠元素是不可或缺的重要元素。

摄入适量的食盐可以满足我们身体的需要，对身体有益。

不过，吃太多食盐是不好的哦！摄入过多钠元素容易引起高血压等疾病，反而对人体有害！

没有它，我们无法呼吸，

没有它，火焰不会跳跃。

它是地壳中含量最丰富的元素，

它是生命的助燃剂。

▶ 继续

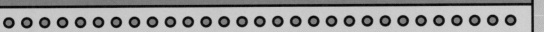

好了，我们出发吧！

半小时后……

不行……我要休息一下……怎么越爬……呼吸越困难……

21

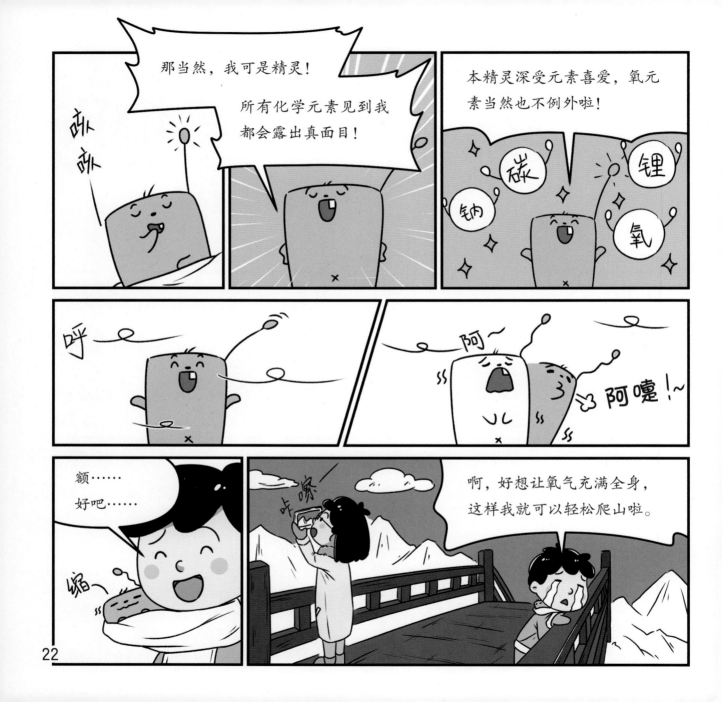

不不不！

氧气虽对身体有益，但并不是越多越好！

氧气含量过高也会发生氧中毒！

〈危〉
氧气

这样啊，那我还是老老实实地吸氧气瓶吧！

氧气瓶

话说……小精灵，虽然我经常听到"氧"这个词，但我还是不太了解……

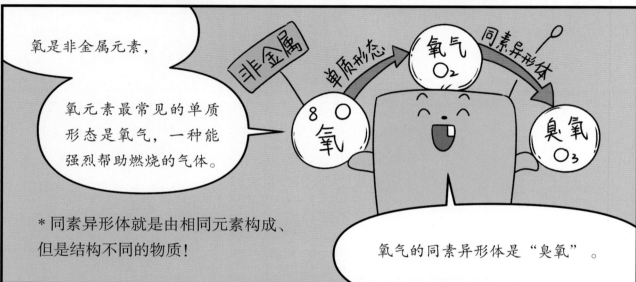

氧是非金属元素，

氧元素最常见的单质形态是氧气，一种能强烈帮助燃烧的气体。

非金属

单质形态

氧气 $O_2$

同素异形体

8 O 氧

臭氧 $O_3$

*同素异形体就是由相同元素构成、但是结构不同的物质！

氧气的同素异形体是"臭氧"。

臭氧？

难道是发臭的氧气？

24

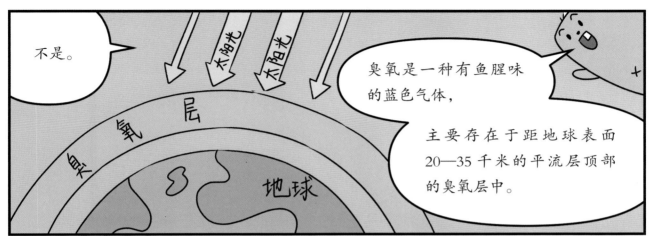

不是。

臭氧是一种有鱼腥味的蓝色气体，

主要存在于距地球表面20—35千米的平流层顶部的臭氧层中。

臭氧层可以吸收太阳光中的短波光线，使地表生物免受紫外线的伤害。

太阳

紫外线

我可以保护人类！

臭氧

谢谢你！

原来是这样。那氧元素还有其他用途吗？

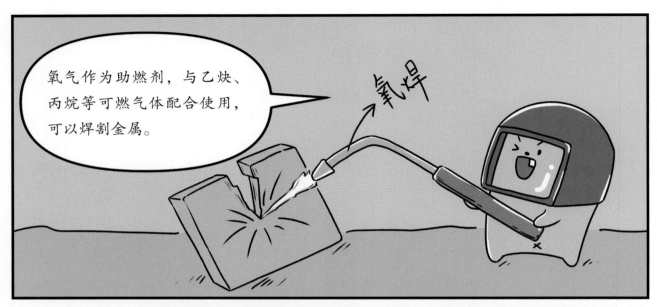

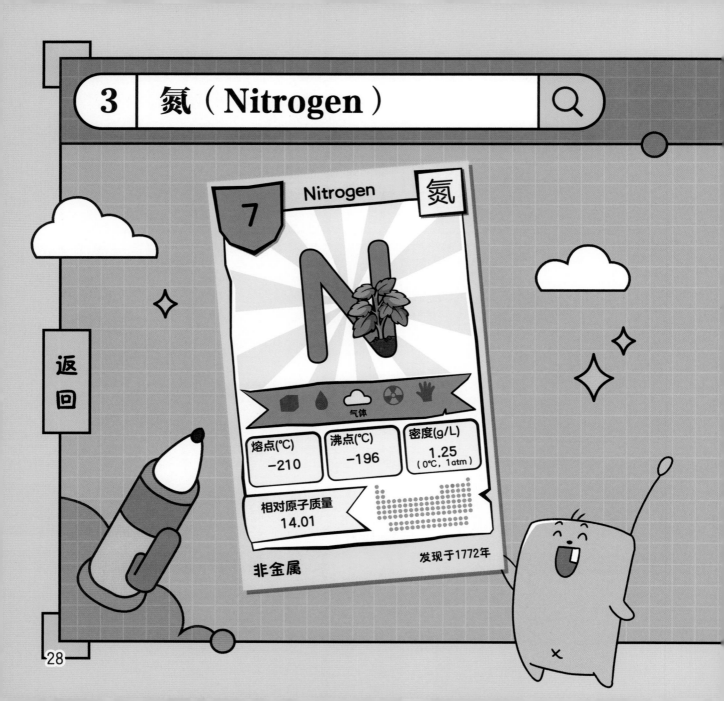

它在空气中含量最高，

天空呈现蓝色，它是大"功臣"。

它是 DNA 和蛋白质的重要组成元素，

植物生长离不开它。

人类创造了它与氢的合体——"合成氨"，

从此不再靠天吃饭。

 ▶ 继续

妈妈给我买了几包薯片，太鼓了，我都要抱不住啦！

为什么要在袋子里充这么多气啊？

这里面充的都是氮气！

它无色、无臭、无味。

无色
无味
无臭

氮气
N₂

不仅可以保护薯片不被挤碎，

完整

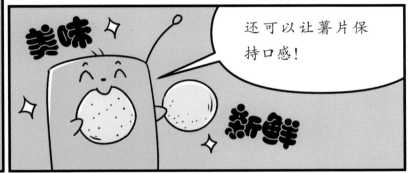

还可以让薯片保持口感！

美味

新鲜

氮气？

那我打开包装的时候，是不是不能吸入这种气体啊？

憋气中……

美味薯片

如果你吸入高浓度的氮气，会造成缺氧甚至窒息。

N₂ N₂ N₂ N₂

当然，薯片里的氮气没有危险啦！

薯片

明白了！

居然比氧气还多？！

空气中……

氮气 N₂ ＞ 氧气 O₂

氮气其实是一种很常见的气体，它在大气中的含量高达 78% 哦！

氮气 N₂ N₂ 78%

氮气虽然不能支持呼吸，

但对生命而言，氮可是非常重要的元素！

你知道蛋白质吗？

是鸡蛋白吗？

蛋白质是一切生命的物质基础，

它的标志性元素就是氮。

蛋白质

氮

构成蛋白质的重要元素

当然不是啦！

人体的每个组织，毛发、皮肤、肌肉、骨骼等都含有蛋白质。

它可以帮助更新和修复人体组织。

简而言之，你身体的生命活动离不开它。

蛋白质

人体组织维修师傅

也就是说，氮元素对我的身体也很重要，对吗？

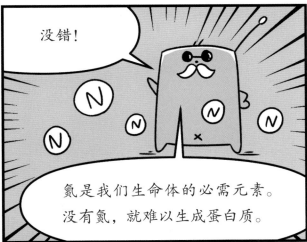

没错！

氮是我们生命体的必需元素。没有氮，就难以生成蛋白质。

氮平衡是反映体内蛋白质代谢的一种指标。

在一定的时间内，

氮的摄入量与排出量之间的平衡状态，称为"氮平衡"。

摄入氮根据蛋白质摄入量计算，排出氮指未被吸收而排出体外的氮。

正氮平衡

负氮平衡

零氮平衡

如果出现负氮平衡，就意味着氮的摄入量小于氮的排出量。

负氮平衡

若蛋白质含量不足，人就会出现营养不良、身体消瘦等症状。

如果是正氮平衡，意味着蛋白质的摄入量大于排出量。

摄入氮 N

排出氮

正氮平衡

这对运动员、生长期的儿童等是好事，

因为额外的蛋白质有助于肌肉生长，并且有助于更快恢复体力。

比妈妈高啦！

当人体摄入的氮量等于排出量时……

一般营养正常的健康成年人就属于这种情况啦！

健康

摄入氮

排出氮

这样啊，那我可要多补充蛋白质！

牛奶

好耶!!

话说回来，既然氮对生命这么重要，Azote 这个名字还要继续用下去吗？

吧唧吧唧

没有，氮最终的英文名字是 Nitrogen，即"硝石组成者"的意思。

硝石组成者

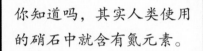

你知道吗，其实人类使用的硝石中就含有氮元素。

硝石　N

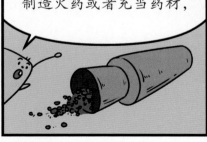

我国的古人会用硝石来制造火药或者充当药材，

在唐代，人们还会用硝石来制造冰块。

这是因为硝石溶于水会吸收大量热，使水降温甚至结冰。

①

第一步：准备一个小盆和一个大盆，在小盆中放半满水。

②

第二步：将小盆放入大盆，在大盆中放入硝石和水。

③

第三步：等待片刻，盆里的水便会结冰。

现在我们仍将氮气用作物质保护剂、冷冻剂。

还会将氮气充入啤酒中，保持口感哦！

太厉害了！

我现在不能喝酒，但是可以喝矿泉水！

矿泉水

干杯！

矿泉水

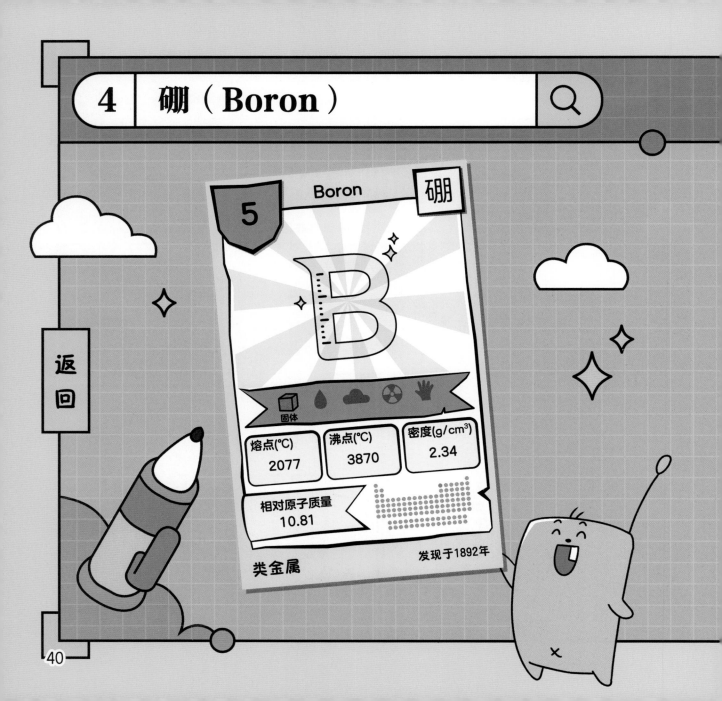

返回

Boron 硼

5

B

固体

| 熔点(°C) | 沸点(°C) | 密度(g/cm³) |
|---|---|---|
| 2077 | 3870 | 2.34 |

相对原子质量
10.81

类金属

发现于1892年

它是硬度界的"老二"，仅次于金刚石；

它存在于色彩斑斓的玻璃中；

它是火箭上天的点火剂；

它是科学家青睐的诺贝尔奖幸运儿。

在外出差的爸爸给江滨白寄来一份礼物，一个名叫"史莱姆"的玩具。

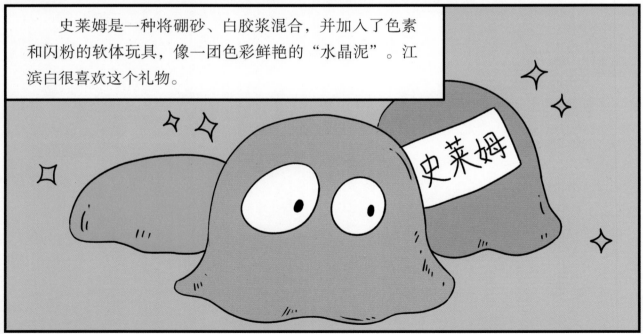

史莱姆是一种将硼砂、白胶浆混合，并加入了色素和闪粉的软体玩具，像一团色彩鲜艳的"水晶泥"。江滨白很喜欢这个礼物。

44

长期接触硼砂对身体是有毒害作用的。如果误食硼砂，更容易中毒！

不过，不可以抛开剂量谈毒性。史莱姆中的硼砂含量很低，自然就没有强烈的毒性了。

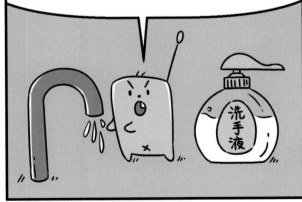

但切记不要长时间玩，玩后一定要认真洗手，更不要弄到嘴里！

记住啦！我这就去洗手！

硼是元素周期表中排在第五位的元素，性质介于金属与非金属之间，属于类金属。

5 B 硼

历史上，古埃及人最早使用硼砂作为饰品生产时的焊接剂。

古埃及祭司还用硼砂制作木乃伊。

49

如今，玻璃生产工艺已相当成熟，在生活、医药、科研等众多领域，硼硅玻璃都发挥了重要作用。

量杯

液晶显示器

土壤中的含硼化合物也很重要，它们能促进植物生长。

含硼化合物

果树如果缺硼，结出的果实会发育不良，甚至畸形。

健康

缺硼导致缩果病

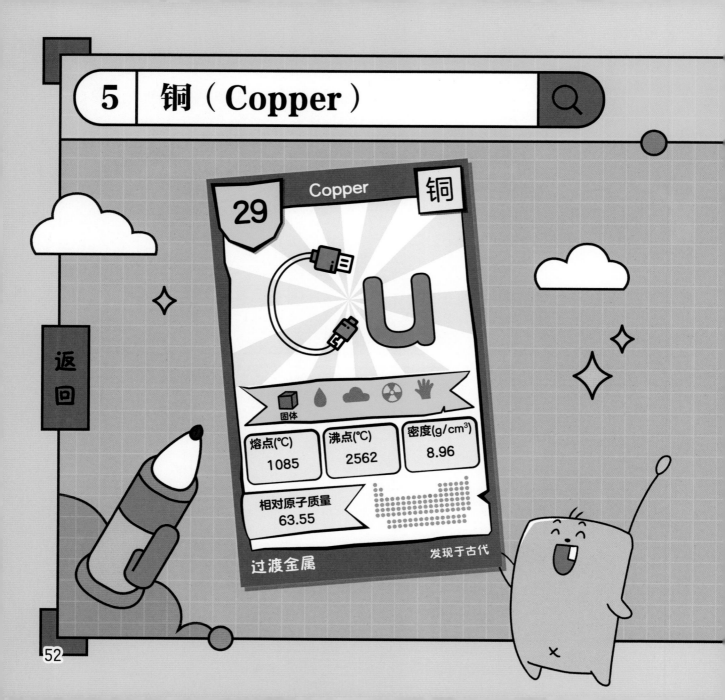

返回

29
Copper
铜

Cu

固体

| 熔点(℃) | 沸点(℃) | 密度(g/cm³) |
|---|---|---|
| 1085 | 2562 | 8.96 |

相对原子质量
63.55

过渡金属

发现于古代

它是我们祖先最早使用的金属之一，

它是博物馆中人们目光的焦点，

它代表了人类文明的一个重要阶段，

它还是现代科技舞台上的"明星"。

▶ 继续

妈妈一大早就来敲江滨白的卧室门。

白白，起床啦！都几点了！

惊醒

啊？我不想起！我想多睡一会儿！

你忘啦！我们今天去参观博物馆。有青铜器展哦！

青铜器？

那些电影里出现的古代宝贝？

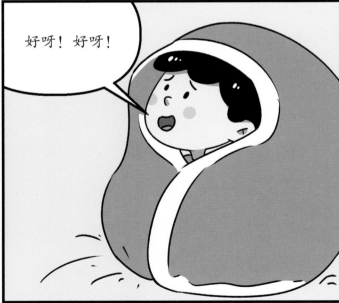

好呀！好呀！

咦，这些文物为什么叫"青铜器"，而不是"铜器"呢？

青铜器？

因为古人发现纯铜物件太软，不实用。

纯铜

所以就在铜里掺了锡，制成铜锡合金，也就是青铜，这样就大大提升了它的硬度。

锡

青铜

原来是这样啊！所以就有了这么多青铜器。我们的祖先太聪明了！

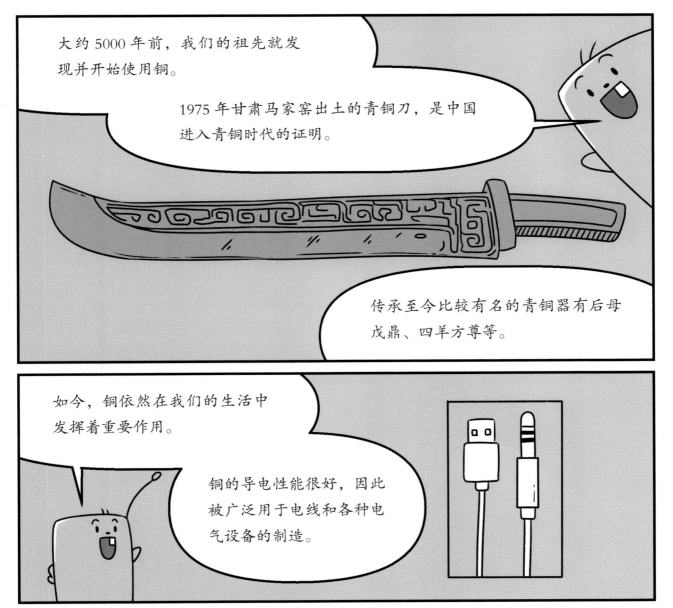

大约 5000 年前，我们的祖先就发现并开始使用铜。

1975 年甘肃马家窑出土的青铜刀，是中国进入青铜时代的证明。

传承至今比较有名的青铜器有后母戊鼎、四羊方尊等。

如今，铜依然在我们的生活中发挥着重要作用。

铜的导电性能很好，因此被广泛用于电线和各种电气设备的制造。

白白，你在笑什么呀？

没……没有啊！我就是觉得古人好厉害！哈哈哈！

的确很厉害！书包重吗？要不要妈妈帮你拿？

不……不用了！
我有力气的！

那好吧！

妈妈终于走了！我还以为你要被妈妈发现了……

垂头～

其实你妈妈早就发现我啦！

什么？！

Silicon

14

Si

硅

固体

| 熔点(℃) | 沸点(℃) | 密度(g/cm³) |
|---|---|---|
| 1412 | 3266 | 2.33 |

相对原子质量
28.09

类金属

发现于1787年

它存在于岩石、砂子、尘土中，

它开启了计算机时代。

而人工智能的飞速发展，

将让它在创造"智慧生命"中发挥无限可能！

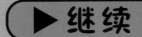 ▶ 继续

硅？我好像在哪里听到过这个名字。

记忆搜寻中……

啊，硅谷！以前看新闻的时候听到过这个名字！

新闻 硅谷

硅谷早期是研究和生产以"硅"为原料的半导体芯片的地方，因此被称为"硅谷"。

芯片

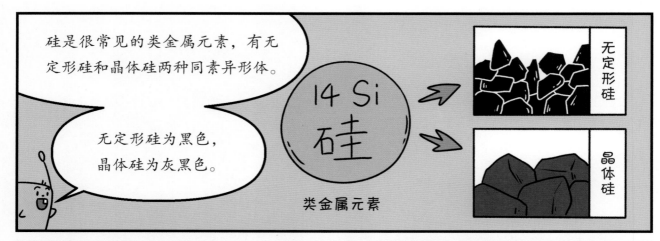

硅是很常见的类金属元素，有无定形硅和晶体硅两种同素异形体。

无定形硅为黑色，晶体硅为灰黑色。

14 Si
硅

类金属元素

无定形硅

晶体硅

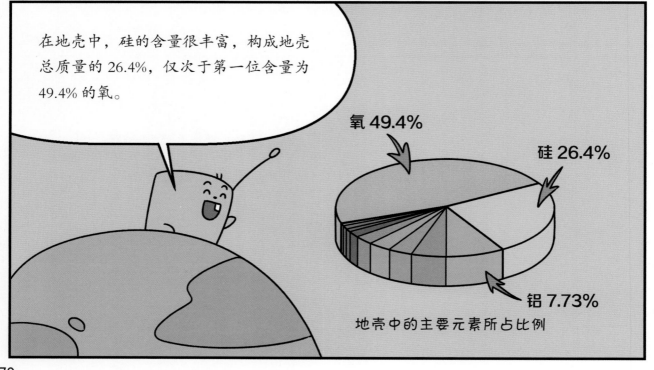

在地壳中，硅的含量很丰富，构成地壳总质量的 26.4%，仅次于第一位含量为 49.4% 的氧。

氧 49.4%

硅 26.4%

铝 7.73%

地壳中的主要元素所占比例

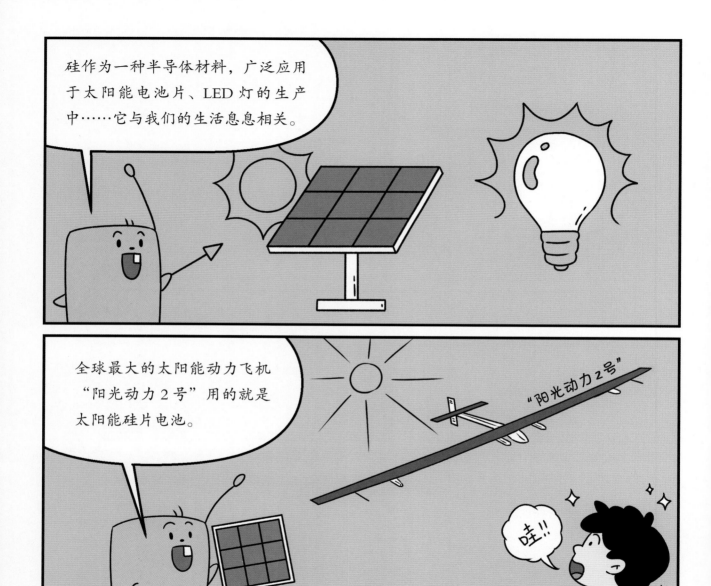

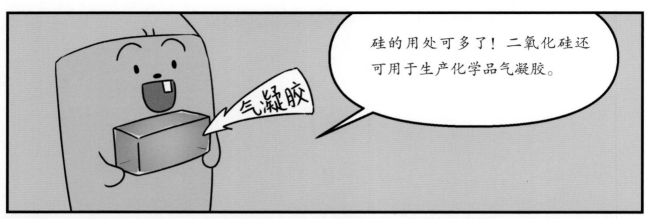

硅的用处可多了！二氧化硅还可用于生产化学品气凝胶。

气凝胶不但重量非常轻，还能承受1400℃的高温。

科学家正在研究用它制造可以充分保护消防员的消防服，以免他们救火时被烧伤。

《天工开物》中有关于它的记载，
它是调控生命基因的重要角色，
它是小朋友长身体时不可缺少的微量元素，
它是诺贝尔奖的"宠儿"。

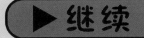

▶ 继续

好冷啊！
我要去穿件外套！

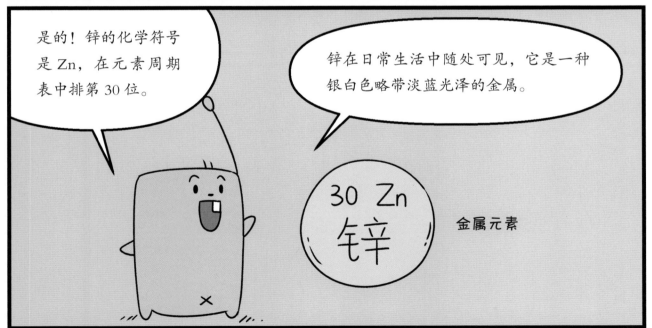

我们平时吃的食物，如瘦肉、鱼类、蛋黄、豆制品等就含有锌。

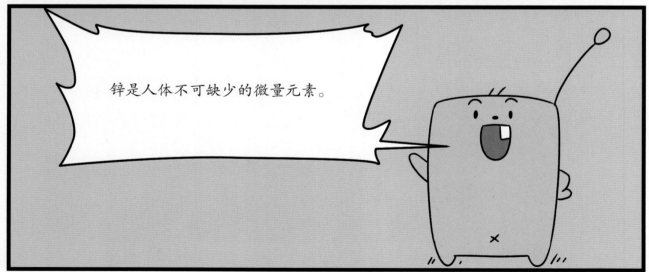

锌是人体不可缺少的微量元素。

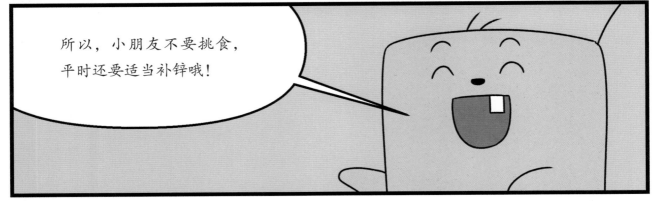

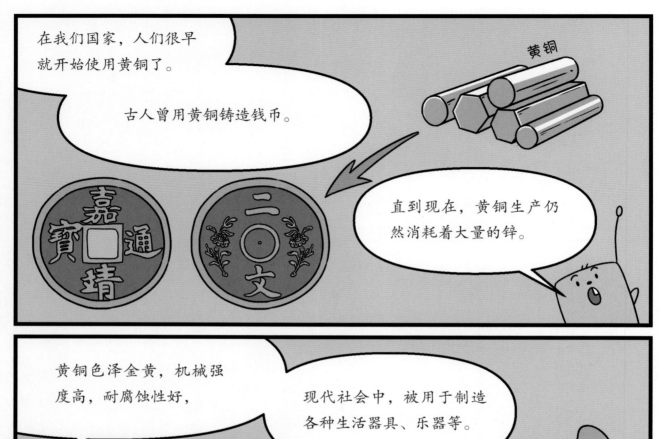

在我们国家，人们很早就开始使用黄铜了。

古人曾用黄铜铸造钱币。

黄铜

直到现在，黄铜生产仍然消耗着大量的锌。

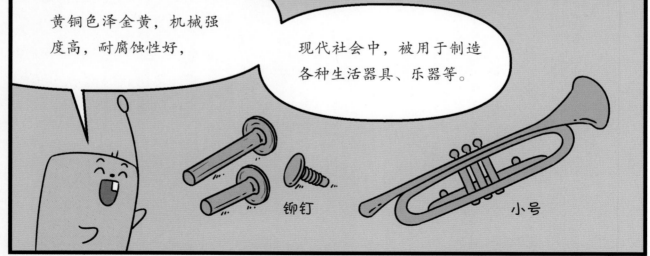

黄铜色泽金黄，机械强度高，耐腐蚀性好，

现代社会中，被用于制造各种生活器具、乐器等。

铆钉

小号

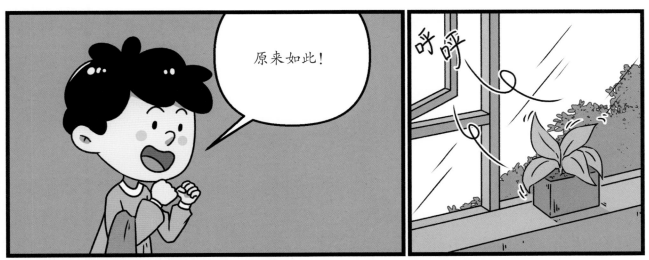

返回

Calcium

20

钙

Ca

牛奶

固体

| 熔点(℃) | 沸点(℃) | 密度(g/cm³) |
|---|---|---|
| 842 | 1503 | 1.55 |

相对原子质量
40.08

碱土金属　　　　　发现于1808年

它是保证身体骨骼强壮的赫赫功臣，
是豆腐制作中必不可少的那一"点"，
千古吟诵的《石灰吟》就与它有关。

妈妈要出门一会儿，饭菜在桌上，你要好好吃饭哦！

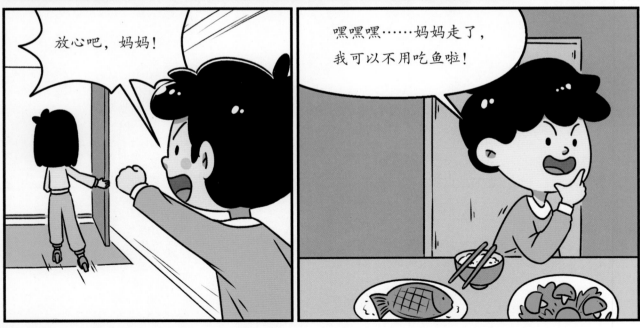

放心吧，妈妈！

嘿嘿嘿……妈妈走了，我可以不用吃鱼啦！

93

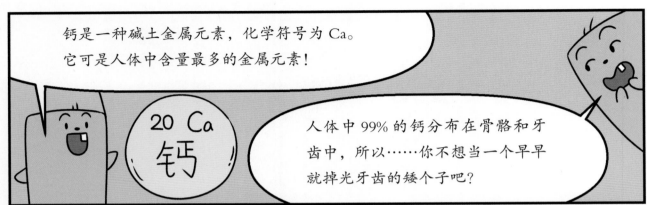

钙是一种碱土金属元素，化学符号为 Ca。它可是人体中含量最多的金属元素！

20 Ca
钙

人体中99%的钙分布在骨骼和牙齿中，所以……你不想当一个早早就掉光牙齿的矮个子吧？

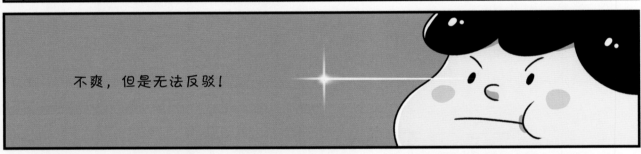

不爽，但是无法反驳！

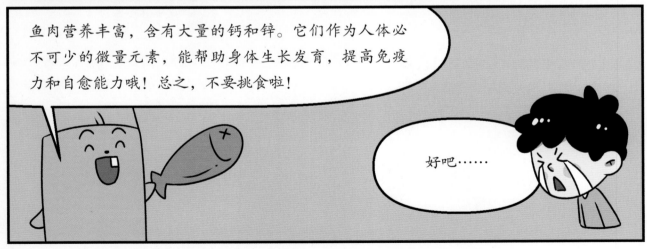

鱼肉营养丰富，含有大量的钙和锌。它们作为人体必不可少的微量元素，能帮助身体生长发育，提高免疫力和自愈能力哦！总之，不要挑食啦！

好吧……

存在于一些特殊洞穴内的钟乳石，是一些化学物质经过上万年的化学反应才形成的碳酸钙沉淀物。

小精灵，你知道刚才电视里说的"钟乳石"是怎么回事吗？

我当然知道啦！

返回

15　Phosphorus　磷

固体

熔点(℃)
44
（白磷）

沸点(℃)
280
（白磷）

密度(g/cm³)
1.82
（白磷）

相对原子质量
30.97

非金属

发现于1669年

它是飘荡在坟茔间的"幽灵"，
它是我们身体内能量源的核心成员，
它参与了人体内很多重要的能量代谢反应，
它还是电池导电材料领域的"明日之星"。

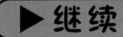

▶ 继续

传说鬼火常常出现在夜晚的墓地，是一团团飘浮在空中的火焰……

就是……你想想，大晚上的，一个人走路，一团鬼火跟在你身后，是不是有点……有点诡异！对不对？

哈哈哈……不要害怕啦！
其实鬼火不鬼，它就是磷火。

磷火？

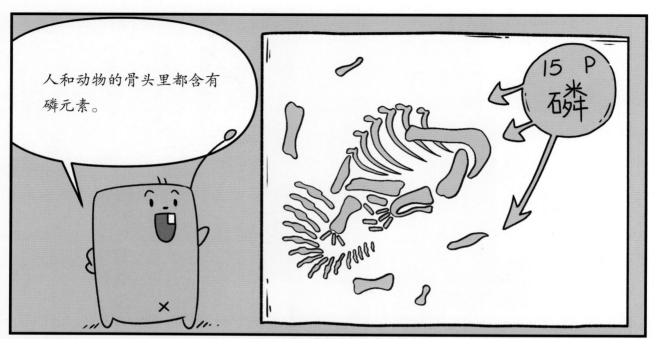

人和动物的骨头里都含有磷元素。

15 P 磷

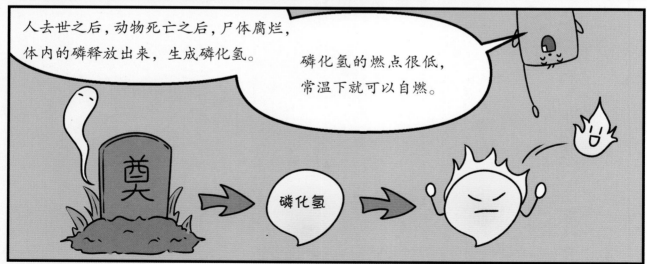

人去世之后，动物死亡之后，尸体腐烂，体内的磷释放出来，生成磷化氢。

磷化氢的燃点很低，常温下就可以自燃。

奠

磷化氢

可是，为什么磷火会跟在人的身后呢？

因为磷化氢气体很轻，人走路带起的风就能把它吹动。所以看起来就像它在跟着人走啦！

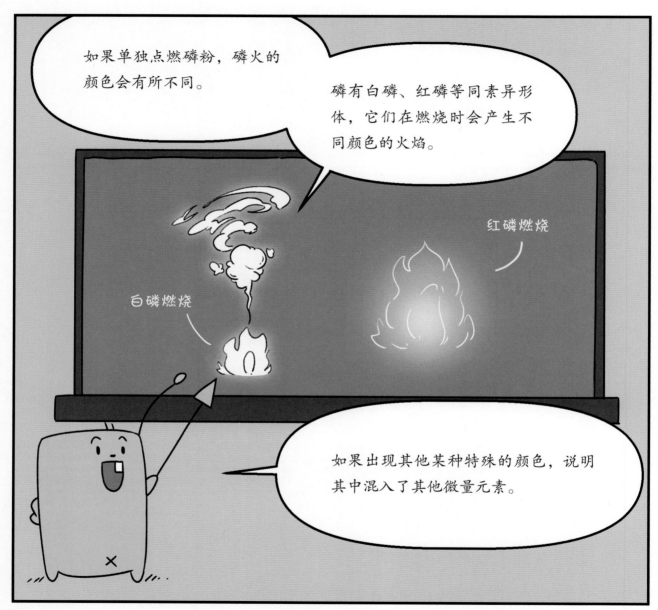

返回

16 | Sulfur | 硫

S

固体

熔点(℃)
113

沸点(℃)
445

密度(g/cm³)
2.07

相对原子质量
32.07

非金属

发现于古代

主页

它是古老的炸药，炼丹术士的"宠儿"，

又是酸雨形成的"元凶"；

它用途广泛，又破坏环境。

合理使用它吧，

让这古老的元素书写新的传奇！

▶ 继续

硫黄是一种重要的药材，在我国现存最早的药物学专著《神农本草经》中就有记载。

你刚刚在看硫的知识啊？

嗯，正好看到这本书。

小精灵翻开书的下一页。

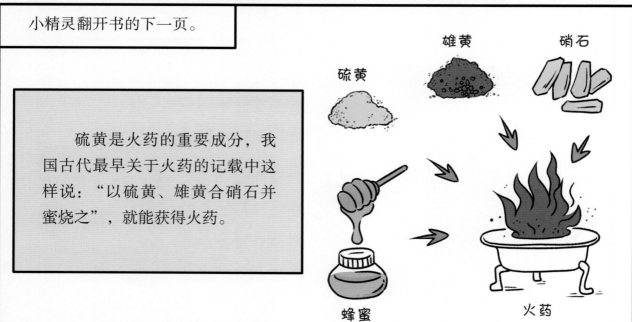

硫黄是火药的重要成分，我国古代最早关于火药的记载中这样说："以硫黄、雄黄合硝石并蜜烧之"，就能获得火药。

硫黄

雄黄

硝石

蜂蜜

火药

加入蜂蜜？古代的火药是甜的吗？

当然不是啦！蜂蜜烧灼后生成碳，碳是火药的化学成分之一。

某些含硫的化合物会散发出一种非常难闻的气味。

榴莲、洋葱和大蒜等之所以难闻，就是因为它们含有硫的化合物……

别说了！别说了！我已经闻到臭味了。我们接着看书吧！

书的下一页讲述了酸雨的故事。

硫氧化合物

氮氧化合物

我是由含硫的煤炭燃烧产生的化学物质转变而来的哦！

硫和酸雨也有关系吗？

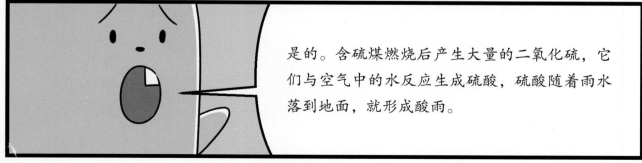

是的。含硫煤燃烧后产生大量的二氧化硫，它们与空气中的水反应生成硫酸，硫酸随着雨水落到地面，就形成酸雨。